版权贸易合同登记号　图字：01-2022-3709

图书在版编目（CIP）数据

出发！创造第二个地球 /（韩）朴珉浩著；（韩）朴宇熙绘；汪洁译. --北京：电子工业出版社，2023.4
ISBN 978-7-121-45092-1

Ⅰ.①出…　Ⅱ.①朴…②朴…③汪…　Ⅲ.①地球—少儿读物　Ⅳ.①P183-49

中国国家版本馆CIP数据核字（2023）第030900号

审图号：GS京（2023）0609号
本书插图系原文插图。

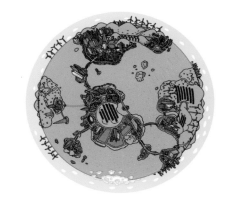

责任编辑：张莉莉
印　　刷：北京缤索印刷有限公司
装　　订：北京缤索印刷有限公司
出版发行：电子工业出版社
　　　　　北京市海淀区万寿路173信箱　邮编：100036
开　　本：787×1092　1/8　印张：7.5　字数：60千字
版　　次：2023年4月第1版
印　　次：2023年4月第1次印刷
定　　价：108.00元

凡所购买电子工业出版社图书有缺损问题，请向购买书店调换。
若书店售缺，请与本社发行部联系，联系及邮购电话：（010）88254888，88258888。
质量投诉请发邮件至zlts@phei.com.cn，盗版侵权举报请发邮件至dbqq@phei.com.cn。
本书咨询联系方式：（010）88254161转1835。

出发！
创造第二个地球

［韩］朴珉浩 著 ［韩］朴宇熙 绘 汪洁 译 余恒 审

电子工业出版社·
Publishing House of Electronics Industry
北京·BEIJING

目录

越来越糟糕的地球 · 8

什么是地球化？· 12

太阳系中有什么呢？· 14

寻找第二个地球！· 16

宇宙放射线是什么？· 18

地球如何阻挡宇宙射线？· 20

陨石1 · 22

陨石2 · 24

制造空气 · 26

融化彗星 · 28

与地球一样的空气 · 30

水的出现 · 32

制造生物 · 34

森林演替与地球化 · 36

开花的行星 · 38

氧气的产生 · 40

需要昆虫 · 42

维持生态系统的食物链 · 44

生态循环 · 46

建立生活基地 · 48

制造能量 · 50

第二个地球建造完成！· 52

作者的话 · 56

一目了然的地球化 · 57

越来越糟糕的地球

2070年，地球上所有的事物都发生了改变。
天空早已因废气污染而变成灰色，地面也完全被垃圾所覆盖。

大海不但被废水染黑，而且还臭气熏天。
地球已经被破坏到人类无法在此生存的地步。

资源枯竭

　　人类生存需要许多资源，其中最常使用的是埋在地下的资源。铁是把铁矿石熔炼后得来的，水泥则是石灰石经过研磨之后形成的。石油和煤炭不仅用于汽车行驶和房屋取暖，还用于制作一些塑料制品等。但是，这些地下资源也是有限的。人类长期以来毫无节制地使用资源，最终导致了资源的枯竭。

粮食和水的短缺

　　人类生存需要粮食和水。人类为了获得粮食，只能在有限的土地上耕种。因为在酷热的沙漠、寒冷的极地和险峻的山上是很难耕种粮食的。如果人口像现在这样持续增长，未来就会出现因粮食不足而饿死的人。

　　从陆地和海面上蒸发的水最后会变成雨。如果用水量比降水量大的话，人类就会遇到缺水的情况。如果没有足够的水清洗身体或清扫环境，人类就会因为细菌和病毒而导致生病乃至死亡。

　　哗啦啦！下雨了。

　　这雨水可真脏，而且还有一股难闻的气味。

　　酸雨把铁桶弄出来了一个窟窿。

　　由于资源匮乏，人类制作一件东西需要花很多钱。

逐渐变热的地球

太阳的热量主要是以可见光的形式传递到地球的。地球被加热后，会以红外线的形式辐射出部分能量。而二氧化碳不会吸收可见光，却能吸收红外线。所以二氧化碳就像被子一样盖在地球上。然而煤炭、石油等化石燃料的大量燃烧和过度使用导致地球上二氧化碳含量逐渐增加。地球也因此越来越热，这就是全球变暖。全球变暖会导致天气反常和自然灾害，比如海洋变暖很容易产生台风，而且台风的威力也会增大。地震或海啸也会频繁发生。不仅如此，如果冰川融化，海平面随之升高，那么比海平面低的岛屿将被淹没。

哎呀，太热了！
怎么感觉越来越热了呢！

被污染物笼罩的地球

人类在耕种时会用农药消灭田地里的害虫和杂草，但这会对人体产生危害：沾有农药的蔬菜和水果会被动物吃掉，农药流入江河会进入鱼虾的体内，这些被农药污染的动植物一旦被人类食用，农药的成分就会进入人体，从而导致疾病。工厂也会排出许多废弃污染物：人类在生产塑料、油漆的过程中会产生一些有毒的化学物质，而这些有毒的化学物质会污染水和土地，使生物无法生存。此外，工厂里排出的废气也会污染空气。

呃，这些垃圾臭死了！

垃圾满地

人类每天都会制造大量的垃圾。为了处理垃圾，人类会建造填埋场，把收集的垃圾埋在地里。而那些塑料制品即使经过很长时间也不会被降解，就会在地球上逐渐堆积起来。比这些塑料制品更可怕的是放射性废弃物。放射性废弃物会释放出有害的射线，如果人类接触到这些射线，就会被烧伤或者患上癌症，甚至还会生出畸形儿。这些放射性废弃物的危害会持续数千年乃至数百万年，因此它们真的是非常危险的垃圾。

全球变暖会导致地球上的天气总是如蒸笼般炎热。密密麻麻的高楼大厦也不利于空气流通，人们也没有什么好的避暑方法。

地球上的土地被污染了，田里也不再长庄稼。对于人类和动物来说，可以获取的食物会越来越少。

什么是地球化?

地球化(Terraforming)的意思是建造另一个"地球",是人为改变天体表面环境,使其气候、温度、生态类似地球环境的行星工程。地球化需要经过很多步骤,哪怕是一点小小的失败,也无法建造出适合人类生存的环境。

地球的历史和地球化

建造一个新地球的过程和地球形成的过程相似,因为都是为动物、植物和人类创造生存条件的过程。但有几点是不同的,最明显的不同就是生物登场的顺序:地球上动物比植物出现得更早,但在进行地球化时,必须先种植植物。因为新行星与地球不同,几乎没有生物必需的营养。动物之所以能够首先出现在地球上,是因为它体内的营养成分很多。火山爆发后,地下的营养成分被溶解在海洋里,这些营养成分凝结成团,最终形成生物。这时形成的生物跟植物相比更接近动物,只能靠吃海水中的营养成分生存。因其结构简单,存活下来的数量也越来越多。随着时间推移,这些生物的数量虽然在逐渐增加,但它们的结构却几乎没有改变,只是形态上略有差异。它们大部分仍以海水中的营养成分为生。但是,随着海水中营养成分减少,食物开始不足。于是又出现了利用阳光和水自行制造营养的植物。新行星与我们生活的地球不同,不会有火山爆发,营养成分自然也就会少很多。所以在地球化的过程中首先需要种植那些自己能够制造营养的植物。只有这样,动物才能靠吃植物来获得营养。第二个不同是,没有必要等待生物进化。现在地球上的生物是经过数十亿年的进化形成的。但是在地球化的过程中,人类可以原封不动地带走已经进化了的生物细胞,因此就没有必要等待生物进化了。最后一点不同的是,人类在地球上主要使用化石燃料来制造能量,而在新行星上却无法使用化石燃料。因为化石燃料是动植物的遗骸在地下经过很长时间的变化形成的,然而新行星上没有动植物,自然也就没有化石燃料了。

地球环境变得越来越糟糕,全世界的科学家、技术人员和政治家们聚集在一起商议对策。

"我们应该寻找一个像地球一样适合我们人类生存的新家园。"

人类决定离开地球,在另一个行星上居住。

但是在广阔的宇宙中,还没有发现适合人类生存的行星。

除地球化之外，还有其他的方法吗？

方法1 太空移民

太空移民是向另一个适合人类生活的行星移民。或许在宇宙的某个角落，也有一个像地球一样，有着清新空气和蔚蓝大海的地方。如果人类能够在浩瀚的宇宙中找到有草木生长的行星，就可以在那里重建家园，开启新的生活。

这虽然是最好的方法，但成功的概率却很低。因为在浩瀚的宇宙中寻找与地球环境相似的行星真的很难。

另外，即使能够找到环境良好的行星，很有可能已经有其他生命体居住在那里了。那么，就有可能发生战争。

方法2 建立太空基地

太空基地就是在宇宙中建立一个巨大的、适合人类生存的基地。人类可以制造一架能够容纳全世界人口的大型宇宙飞船作为基地。

太空基地内可以用空调换气并调节温度，用灯光控制光线的强弱，这样基地管理起来相对简单。但是，建立这样的基地需要巨额的费用，而且是超出我们想象的巨额费用。还有一个问题就是，如果要建设太空基地，就要用到很多的铁、橡胶、玻璃等材料，在资源已经匮乏的地球上，几乎不可能找到能够建造巨型太空基地的材料。

方法3 建立行星基地

行星基地就是在宇宙中的行星上建立的基地。人类可以在火星等其他行星上建立一个巨大的基地，并提供空气和水，供人类生活。

行星基地的基础建设完成后，就可以在行星上挖掘资源了。人类可以通过这种就地取材的方式建设基地，这样做比建造太空基地更有可行性。但是，地球以外的行星还可能遭到从太空飞来的陨石或大量宇宙射线的破坏。

"所以说，我们要建造第二个地球嘛！"一位科学家大声地说。

"地球化的意思是我们来建造一个与地球相似的行星。不要犹豫了，我们现在就开始吧！"

太阳

太阳系中有什么呢？

太阳系是一个以发光的太阳为中心，被太阳引力约束在一起的天体系统，包括太阳及其周边的水星、金星、地球、火星、木星、土星、天王星和海王星。除了这八大行星，还有围绕这些行星转动的卫星、矮行星、小行星、彗星和行星际物质。虽然太阳系中有各种各样的行星，但遗憾的是，它们都不太适合进行地球化。

月球不适合地球化的理由

距离地球最近的天体就是月球了。月球不是行星，它是由坚硬的石头构成的。月球的体积比太阳系八大行星中体积最小的水星还要小。如果对月球进行地球化，不知道空气和水会不会因为引力太小而飞向太空。

水星不适合地球化的理由

水星是太阳系行星中体积最小的。由于离太阳很近，所以水星的温度比地球高得多。水星被太阳照射的地方最高温度超过400℃，而没有被太阳照射的地方，最低温度达到近-200℃。水星主要由铁和石头构成，被太阳照射的地方会很快变热，没有被太阳照射的地方会很快变冷。因为这种极端的气候，人类在水星上不能调节出适宜生存的温度，所以水星不适合地球化。

水星

月球

金星不适合地球化的理由

金星是介于地球和水星之间的行星，大小与地球相似。它的构成虽然与地球相似，都是由石头和泥土组成的，但是却被厚厚的二氧化碳云覆盖着。

因为二氧化碳云的存在，导致金星的气压是地球的90多倍。在地球上只有在深海才能感受到这种压力。金属板在这么大压力下，很快就会变形的。另外，云层像被子一样覆盖着金星，热量无法向外扩散，所以金星表面的温度高达500℃。还有炙热的硫酸像雨一样从天上倾泻下来。如果要将这样的金星进行地球化，必须清除它的二氧化碳云层，但以现代的技术来说几乎是不可能做到的。

金星

地球

直播 宇宙飞船发射

哇！

人类想进行地球化就必须做好充足的准备。

人类建造了巨大的宇宙飞船，在里面装载了生活、工作所需的东西。然后又制作了代替人类进行地球化操作的机器人。

这些机器人包括操纵宇宙飞船并指挥其他机器人工作的船长机器人，修理故障机器并饲养生物的后勤机器人，进行工作的工作机器人，还有建筑机器人等。

火星不适合地球化的理由

火星上有着与地球上相似的红土，它的体积比地球小，被大气层覆盖着。火星的最高温度为20℃，最低温度为-140℃。与地球南极-90℃的气温相比，火星的气温算是与地球非常相似的了。另外，人类可以通过融化火星南极和北极上的冰层而获得水。所以我们说火星是太阳系行星中最适合进行地球化的行星了。

但是火星的体积比地球小很多，它的直径是地球的一半左右，质量是地球的十分之一。所以火星微弱的引力无法牢牢抓住大气层，人类呼吸所必需的空气也很可能会飞向太空。

木星、土星、天王星、海王星不适合地球化的理由

木星、土星、天王星、海王星不是由坚硬的土地构成，而是由云一样的气体组成的。没有土地的话，人类就无法在这些行星上站立，植物自然也就无法生长。

这些气体大部分由氢气和氦气组成。氢气一旦点燃很有可能就会爆炸，所以非常危险。因此由气体构成的行星是不可能进行地球化的。

海王星

天王星

土星

木星

火星

船长机器人　后勤机器人　小机器人　工作机器人　建筑机器人

祝你们好运！

卡尔·萨根　埃隆·马斯克

试图把火星进行地球化的科学家

虽然我们还没有专门研究地球化的科学家，但是有科学家针对地球化曾发表过一些观点。美国天文学家、天体物理学家、宇宙学家卡尔·萨根就曾指出，火星上有微生物的存在，是可以进行地球化的。太空探索技术公司（SpaceX）的创始人埃隆·马斯克也认为火星是可以进行改造的。

负责记录地球化过程的是小机器人。

当这些机器人踏上宇宙飞船的时候，人类大声呼喊着："宇宙的未来就拜托你们了！"

地球化不仅是一件非常危险的事情，而且还要花费很长的时间，所以人类只能让机器人代替自己去完成。

不是任何行星都能够进行地球化的，适合地球化的行星必须要有与地球相似的环境。太阳系的行星不容易进行地球化，所以还需要寻找其他的行星。

什么是行星系？

我们把像太阳一样自己发光的星体叫作恒星。恒星大部分由氢和氦元素组成，氢元素引起核聚变，让恒星不断散发热量和明亮的光芒。

围着恒星旋转的天体，我们把它们称之为行星。地球也是绕着太阳不断旋转的行星。小行星，还有冰块状的彗星都在绕着恒星运转。我们把这些以特定恒星为中心，且周边有绕着它不停旋转的行星的天体系统称为行星系。

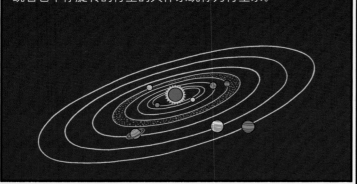

马上就要到了。

体积和重力

行星的体积越大，重力就越强。

行星的体积越小，重力就越弱。

身体太重了，我都快站不起来了。

哎哟！这椅子腿又断了！

呃，头晕！

人类在重力强的行星上是很难生存的。身体更重了，站立和走路都会更加费劲，桌子、椅子等承重物件也容易被弄坏。就连一些建筑物也会因强重力而倒塌。

人体内的血液也会集中流向腿部，没有充足的血液供应头部，导致人们头晕目眩。

我的头也好痛。

哎呀！

飞上天了！

人类在重力弱的行星上也是很难生存的。重力弱的话，人体内的血液会集中流向头部，也会导致头痛和头晕。

而且在失重的环境中，人的身体会像在水里一样漂浮起来。行走或跑步都会变得困难，身体很难随意地活动。

宇宙飞船正飞离地球，飞向远方。此时的太阳看起来就像一颗小小的星星点缀在空中。

这时，小机器人向船长机器人问道："我们要飞到哪里去呀？"

"为了寻找与地球环境相似的行星，我们正在飞向其他行星系。只有找到和地球环境相似的行星，才能成功实现地球化。"船长机器人回答道。

与恒星的距离

行星从恒星那里获取光和热量。就像地球因太阳的照射而获得温暖一样，行星也因光和热的作用，逐渐变得温暖起来。

虽然可以通过对行星进行改造来适当调节温度，但如果行星本身太热或太冷的话，这种改造就没有用了。对行星的温度影响最大的就是它与恒星的距离。离恒星近的行星温度可高达数百摄氏度，距离恒星较远的行星温度可低至-200℃。所以，只有跟恒星有着适当距离的行星才适合进行地球化。这种可以进行地球化的位置区域，我们把它叫作"宜居带"。

行星的构成

即使大小和温度与地球相似，也有不适合人类生存的行星。例如木星，它是一个充满气体、没有土地的行星，因此人类乃至大部分生物都很难在上面生存。另外，金星被厚厚的硫酸气体所覆盖，而硫酸是一种危害生物的有毒物质。除此之外，金星上还有铀等会对人体造成致命伤害的放射性物质，人类也很难在金星上生存。

此时宇宙飞船已经飞行了数十年，终于找到了第二个类似地球的星球。这个星球大小与地球相似，引力相似，温度也与地球相似，而且还没有毒气或危险物质。更幸运的是，没有其他生命体在这里生存，非常适合进行地球化。

宇宙射线是什么？

宇宙射线是太阳等恒星发出的强力射线。宇宙射线不是光，而是由氦或氢的原子核构成的，所以它可以穿越障碍物，能量也比阳光强得多。

宇宙射线会进入生物的皮肤，造成灼伤。它还会破坏细胞内的基因，引起细胞突变。发生突变的细胞会变成癌细胞。如果进入机器，可能会融化或破坏精密的电路，造成故障。宇宙射线还可以用其巨大的能量让海水蒸发，甚至还会将大气吹向太空。

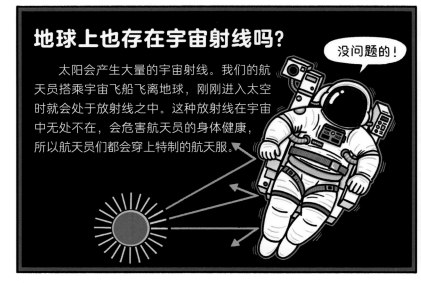

地球上也存在宇宙射线吗？

太阳会产生大量的宇宙射线。我们的航天员搭乘宇宙飞船飞离地球，刚刚进入太空时就会处于放射线之中。这种放射线在宇宙中无处不在，会危害航天员的身体健康，所以航天员们都会穿上特制的航天服。

没问题的！

船长机器人

宇宙飞船到达的行星上只有岩石和红沙。

"这种地方适合人类生存吗？"

"适不适合取决于我们干得怎么样了。来，我们开始工作吧！"

船长机器人命令工作机器人们从宇宙飞船里出来。但是，一部分机器人刚一出来就坏了，甚至连船长机器人的胳膊也坏了。

射线的种类

射线是放射性元素散发出的光或粒子。根据成分的不同，射线分为α射线、β射线、γ射线、X射线等。

α射线

α射线是一些放射性物质衰变时放射出来的氦原子核。钚（bù）、铀等放射性元素会放射α射线，对生物非常有害。

身体不舒服……

β射线

β射线是高速飞行的电子流。β射线会导致皮肤烧伤。

啊！烫死了！

X射线和γ射线

X射线和γ射线可以穿透人体或厚厚的墙壁。虽然这两种射线可以用来拍摄X光片和放射治疗，但如果使用不当，很可能会烫伤我们的身体，引起疾病。X射线和γ射线从广义上看是一种光。虽然我们人眼看不见，但这两种射线有着和光一样的性质。我们人眼能够看到的光也可以说是一种射线，但不会伤害我们身体。它能够让人类看清事物、让植物生长，我们要感谢光线的存在。

哎哟，好害羞。

宇宙射线几乎包含了这几种射线。

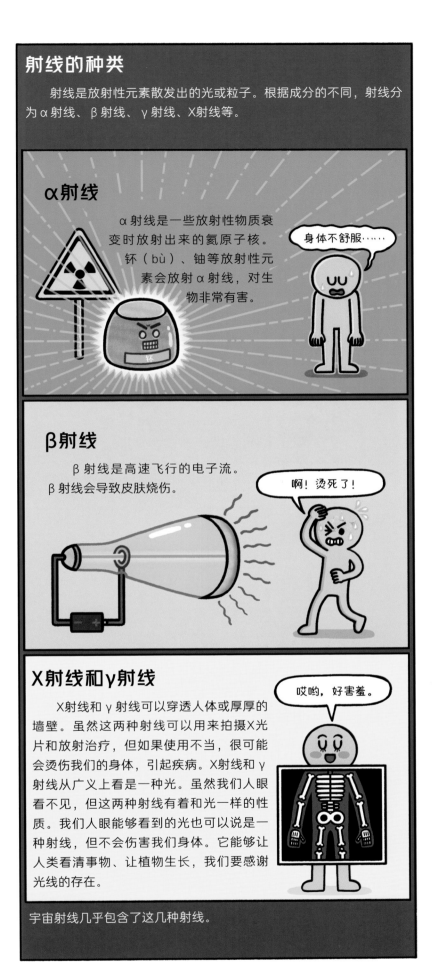

"到底出什么事了？"
大吃一惊的小机器人向后勤机器人问道。

"这是强大的宇宙射线引起的事故。"
后勤机器人赶紧修理了船长机器人的胳膊和其他出故障的机器人。

地球如何阻挡宇宙射线？

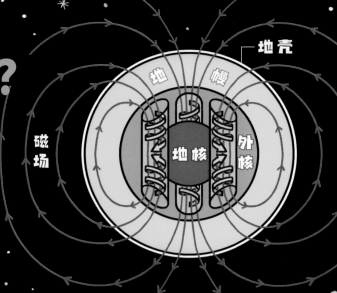

宇宙射线中有许多带电粒子，它们会被磁场吸引或排斥，地球能够阻挡宇宙射线的辐射就是这一原理。

地球就像一个巨大的磁铁。因为在地球深处，由于热量不均产生对流，导致与熔岩一起融化的铁元素、镍（niè）元素做漩涡运动。磁场就是在金属物质做漩涡运动时产生的。这种金属物质的漩涡运动不仅形成了地球磁场，而且还产生了电流。我们把这一现象称为"发电机效应"。依据"发电机效应"产生的磁场屏蔽了宇宙射线（主要是太阳风暴）对地球的袭击，保障了地球生命的延续。

产生磁场的方法

为了阻挡宇宙射线的辐射，必须有一个非常强大的磁铁来产生一个巨大的磁场。我们可以用钕（nǔ）之类的特殊金属元素制造一个强大的磁铁，也可以利用电流来制造磁铁。就像右边这张图一样，我们把电线像弹簧一样缠绕在一根铁棒上，连接电池之后就会像磁铁那样产生磁极，这个就叫作"电磁铁"。电池的电力越充足，电磁铁的磁场就越大。

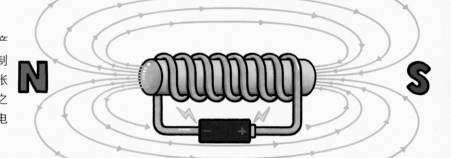

电磁铁人造卫星

如果把磁力强大的电磁铁放置在地球上的话，那可要出大问题了。对磁场敏感的电子产品，比如电视、电脑等估计很快就会报废，甚至在行驶中的汽车也会被强大的磁力吸走。因此我们一定要把强大的电磁铁发射到太空中去。人造卫星里装载着电磁铁，它们围绕着行星在太空中不停地旋转，这样磁场就会把行星包裹住。这些磁场就如地球的磁场一样，可以阻挡宇宙射线的辐射，保证生物的存活。

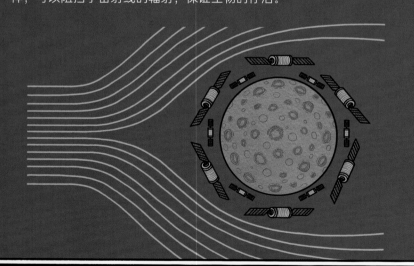

发射人造卫星

地球有着强大的引力，地球附近的物体会不断地被吸引向地球。然而，人造卫星如何能够做到悬浮在太空中而不掉到地球上呢？

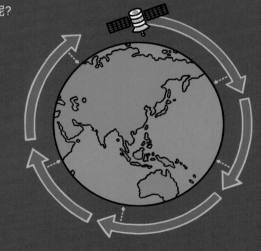

其实人造卫星也会受引力的影响，被引力拉回地球表面。但是人造卫星飞行的速度非常快，下降的速度小于上升飞行的速度，这就会让人造卫星一直在地球的上方围绕地球飞行。

"要怎样做才可以阻挡宇宙射线的辐射呢？"小机器人问船长机器人。

"像地球那样拥有磁场就可以阻挡宇宙射线的辐射了。"

"需要磁场的话，就必须制作一个超大的磁铁了！"

小机器人为了寻找磁铁不断奔波着。但是，新行星上面的磁铁并不多。

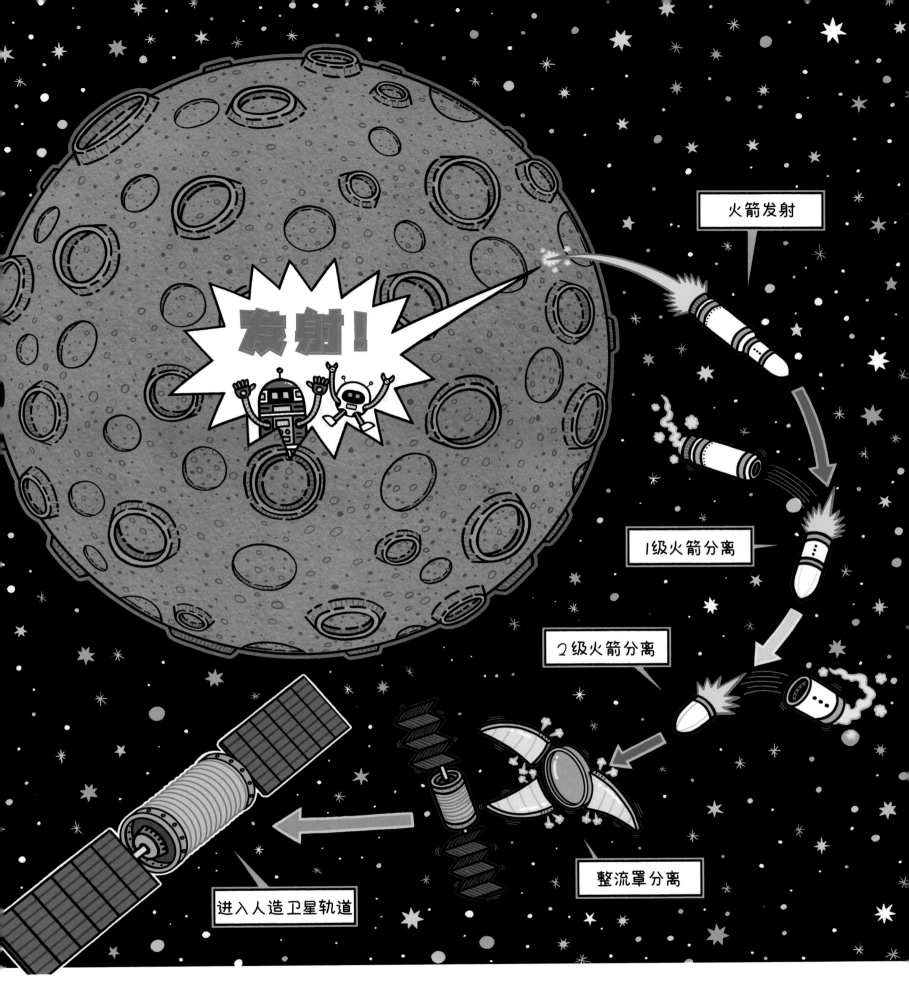

火箭发射

发射！

1级火箭分离

2级火箭分离

整流罩分离

进入人造卫星轨道

"把电磁铁制作好就可以了。"

船长机器人让工作机器人制造电磁铁并安装在人造卫星上，之后再把人造卫星发射至预定的轨道上。

"只有把电磁铁发射至轨道上，才能覆盖住行星。"

搭载电磁铁的人造卫星成功发射后，就能够在行星附近产生磁场。

21

陨石1

　　宇宙中不仅有灰尘或小石头，还有小行星在宇宙中漂浮着，到处流浪。陨石就是从这些小行星上面掉落下来的碎屑，它们是被引力吸引着掉落到地球上的。陨石在掉落的过程中像被烟花包围着，闪闪发光。陨石主要由石头构成，也有一些陨石的主要成分是铁和镍。也有一些掉落到地球上的陨石是由地球上没有或者稀有的物质构成的。很久很久以前，铁器冶炼技术还不发达，当时的人们就曾用铁陨石来制造锋利的武器。

就在那时，
轰隆！宇宙中一块巨大的陨石掉落下来。

"呃啊！"
"小机器人，你没事吧？"
船长机器人慌慌张张地找到了小机器人。

陨石之灾

陨石坠落过程中会与地球大气层发生摩擦，逐渐被烧毁或碎裂开来。大部分陨石会燃烧殆尽，变成细小颗粒或粉末的陨石会掉落到占地球表面70%的海洋中。

大气层

咣！

呃啊！

也有一些巨大的陨石没有全部烧完，并掉落在陆地上。但人类被陨石砸伤或建筑物被砸坏的情况并不多见。

巨大的陨石一旦掉落，就会在陆地上形成一个巨大的坑洞并引发地震。

如果地球没有大气层，那么掉落的陨石有可能会对地球造成更大的伤害。举例来说，月球表面布满了大大小小的坑，这些坑都是陨石掉落产生的。如果大气层不能阻挡陨石，地球也会像月球表面一样千疮百孔。

哎呀！又来？

咣！

陨石来了！

恐龙灭绝也与陨石有关吗？

恐龙灭绝有很多原因，陨石也是导致恐龙灭绝的原因之一。在恐龙独霸地球的白垩纪，有一颗巨大的陨石掉落在了陆地上。之后尘土飞扬，覆盖了整个地球。天空变得像夜晚一样漆黑。没有阳光，植物都死掉了，那些巨大的草食性恐龙因此饿死了。随后，失去食物的巨型肉食性恐龙也饿死了。

我们伟大的恐龙才是地球永远的统治者！

是这样吗？

"糟糕！无论如何都要把陨石阻挡住，再这样下去机器人和宇宙飞船都会被毁的！"

陨石一刻不停地往地面掉落着。

"陨石的破坏性有多强？"

"陨石的大小不同，破坏性也不同。但是它们在太空中以非常快的速度往下掉落，所以即使是小陨石也有很大的破坏性。"

陨石2

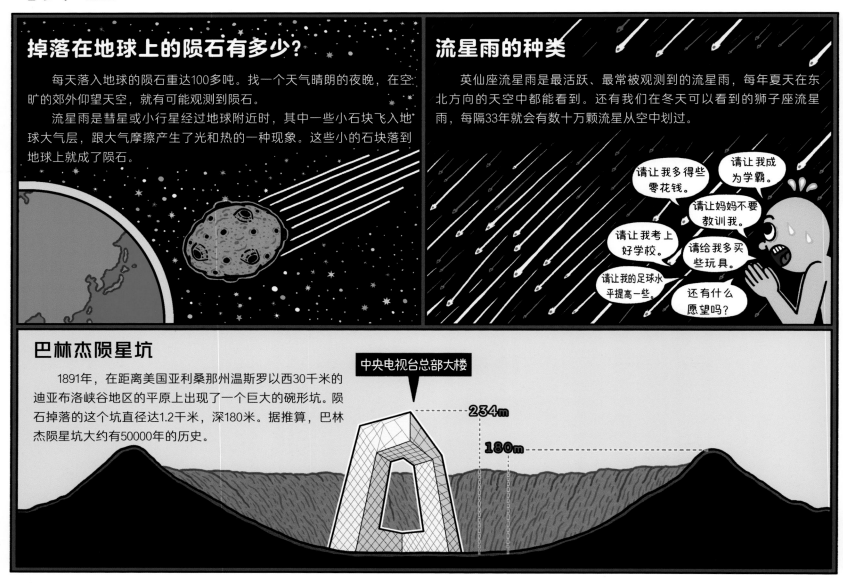

掉落在地球上的陨石有多少？

每天落入地球的陨石重达100多吨。找一个天气晴朗的夜晚，在空旷的郊外仰望天空，就有可能观测到陨石。

流星雨是彗星或小行星经过地球附近时，其中一些小石块飞入地球大气层，跟大气摩擦产生了光和热的一种现象。这些小的石块落到地球上就成了陨石。

流星雨的种类

英仙座流星雨是最活跃、最常被观测到的流星雨，每年夏天在东北方向的天空中都能看到。还有我们在冬天可以看到的狮子座流星雨，每隔33年就会有数十万颗流星从空中划过。

巴林杰陨星坑

1891年，在距离美国亚利桑那州温斯罗以西30千米的迪亚布洛峡谷地区的平原上出现了一个巨大的碗形坑。陨石掉落的这个坑直径达1.2千米，深180米。据推算，巴林杰陨星坑大约有50000年的历史。

"好多机器人因为陨石都快坏掉了！到底怎么做才能阻挡陨石呢？用导弹把它们击碎吗？"
小机器人焦急地向船长机器人问道。

"这可不行。用这种方法是拦不住那些不断掉落的陨石的。"
船长机器人阻止了小机器人。

空气如何能够阻挡陨石呢？

陨石以极快的速度坠落，进入大气层后因空气压缩而燃烧殆尽。人们误认为是陨石和空气摩擦产生的热量导致陨石燃烧的，但实际上空气压缩所产生的热量更大。

就像用打气筒给车胎打气，气筒壁会变热一样。在有限的空间内挤压空气，它就会变热。这就是绝热压缩。另外，空气被压得像铁一样坚硬，陨石也会因此被火烧碎。

压缩

陨石有什么用处呢？

陨石可以分为石陨石和铁陨石。石陨石与地球上的石头相似，但也不是没有特别之处。因为来自宇宙的陨石可能隐藏着宇宙的秘密。

铁陨石是坚硬且沉重的铁块。过去人类还曾用这种陨石制造武器。据说用这种陨石制成的刀比其他刀还要坚固、锋利。

图坦卡蒙

这是一把用从天而降的神物锻造的宝剑！哈哈哈哈哈！

直到现在仍然有一些科学家想从陨石中提取新材料。因为陨石中可能存在地球上没有的有用物质。

因为陨石的数量太多了，如果用导弹拦截的话就需要消耗大量的导弹。

而且万一不小心有"漏网"的陨石，那可能会出大事的。

"我们还是用空气阻挡陨石比较保险。空气压缩产生的热量会让陨石在空中烧掉。如果新的行星像地球一样有空气，也能阻挡陨石的。"船长机器人说。

制造空气

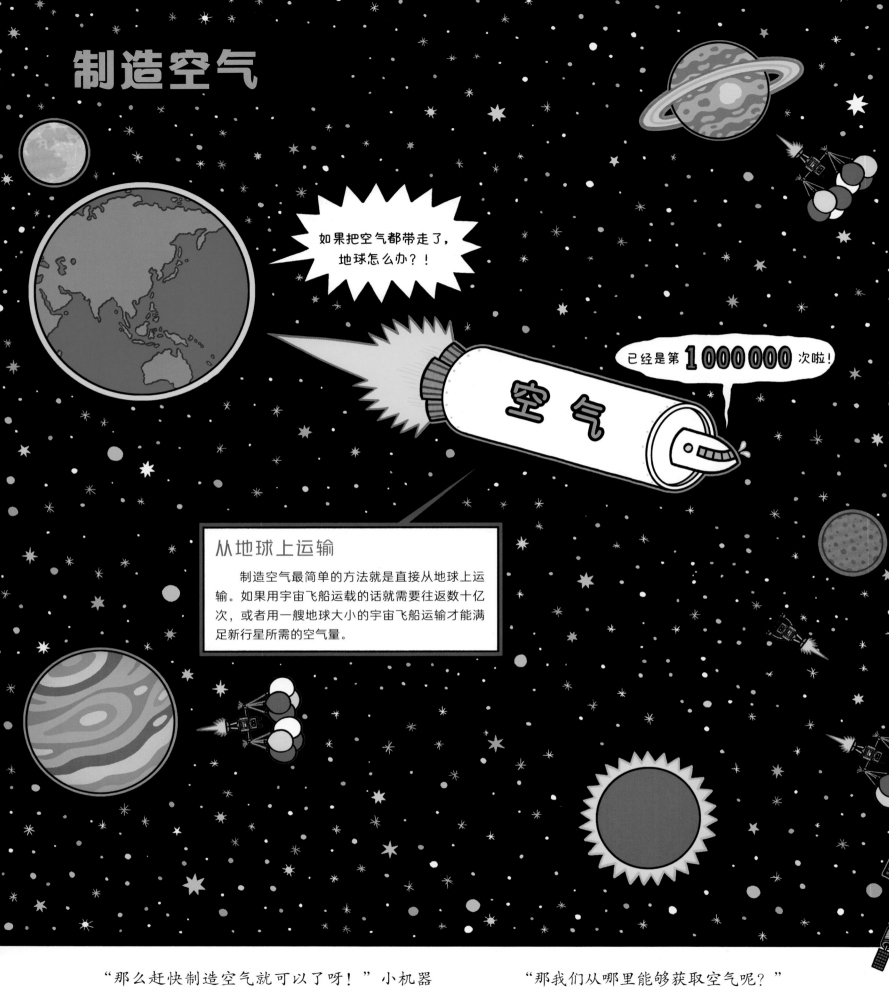

如果把空气都带走了，地球怎么办？！

已经是第 **1 000 000** 次啦！

空气

从地球上运输

制造空气最简单的方法就是直接从地球上运输。如果用宇宙飞船运载的话就需要往返数十亿次，或者用一艘地球大小的宇宙飞船运输才能满足新行星所需的空气量。

"那么赶快制造空气就可以了呀！"小机器人兴奋地说。

"但是制造空气并不简单。我们要获取空气。"

"那我们从哪里能够获取空气呢？"

"空气到处都是！"

船长机器人告诉了小机器人有空气的行星。

从附近的行星上获取空气

我们可以从附近的行星上获取空气。许多行星上都是有空气的。在太阳系的行星中，除水星外的行星上都有空气。虽然这些空气中含有有毒成分，但在地球化的初期也有很大的帮助。

我们可以用宇宙飞船拖着巨大的气球，或者把空气压缩后装进桶里，然后在适合地球化的行星上释放出这些空气。

融化冰

干涸的行星极地或地下也有可能存在冰。就好像地球的南极和北极那样，高山被冰雪覆盖。假如南极冰雪融化，融化后的水比地球上所有河流和湖泊中的水加起来还要多。火星的南极和北极也有冰，与地球上的冰不同，火星上的干冰比水冰多。干冰融化后会产生二氧化碳。二氧化碳是构成地球空气的重要成分，因此融化干冰可以获得空气。融化彗星或行星上干冰的方法有：用镜子融化、用核弹融化、用黑色融化等。

这样操作，什么时候才能融化完？

空气

还需要再弄多少次……

小机器人和其他机器人一起在各个行星上收集了空气。

从附近的行星带回空气，融化冰块，制造水蒸气和二氧化碳。

"收集了这么多空气还不够。"

仅仅这样，我们无法制造出足以阻挡陨石的空气。

"我们需要融化彗星！"

融化彗星

彗尾 ——
—— 冰和岩石

彗星

    彗星是由水和干冰冻结而成的冰块。

    彗星在行星周围以缓慢的速度旋转。当它靠近太阳时，冰就会融化，产生水蒸气和二氧化碳。而太阳风迫使气体和被蒸汽吹走的尘埃粒子形成彗尾。由于阳光反射，我们在地球上观测到的彗星就像长出美丽的尾巴一样。彗星在宇宙中很常见，而且很轻、很容易移动，冰块需要多少拿多少，融化后就能获得充足的水和空气。

抓住彗星啦！
快回本部吧！

哇！真是好大
一颗彗星。

这么多干冰自己融化的话需要
很长时间。

用镜子融化

    在宇宙中放一面超大的镜子就能融化彗星。用镜子折射恒星发出的光，照射到冰面上，冰块融化得会更快。用几面镜子进行聚光操作，就能产生成百上千摄氏度的高温。使用镜子折射可以一整天都让光照耀在冰块上。

聚光镜

向宇宙发射镜子。

    船长机器人让许多飞船在太空中飞行、寻找彗星。不久之后，宇宙飞船们带着一大堆彗星回来了。

    "接下啦，让我们融化彗星吧！"船长机器人说道。

    "啊！船长，在冰面上撒上黑土怎么样？"

    "好主意！"

用核弹融化

在冰块中放入炸弹进行爆破的话，冰块会碎裂，爆炸时产生的冲击和火焰会直接将冰块融化。

普通的炸弹无法产生足够的热量，因此必须使用核弹。虽然核弹爆炸后会出现对生物有害的辐射，但经过很长时间后辐射就会消失。进行地球化本来就会经历很长的时间，所以此时产生的辐射在人类准备迁徙时就会消失了。

用黑色融化

白色是反射光最多的颜色。南极和北极的雪所反射的光不会被地面吸收，而会飞向太空，热量也会被一起带走。因此南极和北极会变冷，也会结更多的冰。

在冰块上涂上黑色颜料或撒上黑色粉末就能吸收光和热，让冰更快地融化。利用这种方法在冰面上撒上石墨（制作铅笔芯的材料）或黑土，就会加快冰块融化的速度。

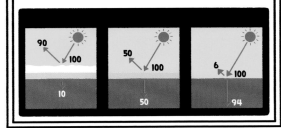

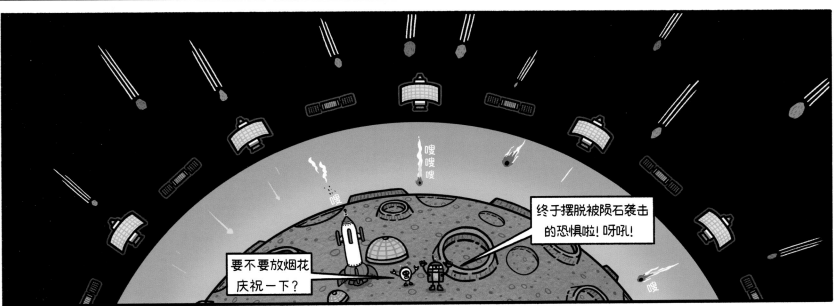

船长机器人利用镜子、核弹和黑土融化了彗星。彗星的干冰融化了，产生了二氧化碳。

新行星很快被空气覆盖了。从太空中飞落的陨石在空气的压力下燃烧着。

与地球一样的空气

氮气占地球空气的78%。氮气不会燃烧，也不会使东西腐烂，更不会对生物造成危害。氧气占地球空气的21%。人类呼吸、火焰燃烧都离不开氧气，食物腐烂、物品生锈也都是氧气的作用。氩（yà）气占空气的0.93%左右。这种气体也和氮气相似，对生物几乎没有害处。二氧化碳占空气的0.04%左右。

氮气

在地球空气中占比最多的氮气不会燃烧，也不会引起化学反应。然而，氮气最重要的作用就是保持气压。即使让人呼吸的氧气充足，如果气压低的话，也会觉得身体像被什么东西从四面八方拉扯一样。氮气很容易从木星等气态行星上获取。特别是在寒冷的地方，氮气处于液体状态，将液态氮装进大桶后进行蒸发，就会产生很多氮气。

温室效应

二氧化碳不易于热量的扩散，它会使行星变热。虽然说温室效应是让地球逐渐变热的主犯，但如果温室效应完全消失的话，地球将比现在冷得多，人类也将难以生存。除二氧化碳外，水蒸气、甲烷等大气中的其他成分也影响热量的释放，让地球可以持续维持温暖。干冰融化产生二氧化碳，由于温室效应的存在，新行星会变得更加温暖，更加适合生物生活。

"哇，现在有空气了，可以阻挡住掉落的陨石，人类也可以自由地呼吸了吧？"

听了小机器人的话，船长机器人摇了摇头。

"现在还不行。现在的空气和地球的空气成分不一样，里面几乎没有氧气。生物的生存需要氧气。"

"那么现在的空气除了阻挡陨石，没有别的用处吗？"

二氧化碳和光合作用

二氧化碳是碳和氧的化合物。碳完全燃烧后产生二氧化碳，它比空气重1.5倍。植物生长离不开二氧化碳。植物的根吸收泥土中的水分，叶子吸收光和二氧化碳，然后制造出氧气和养分。产生的养分不仅能让植物生长，还能结出果实，成为人类和其他动物的食物。产生的氧气也是人类和其他动物呼吸必不可少的。

如果只有二氧化碳的话……

干冰在-78℃时开始融化。与水结成的冰不同，干冰融化后不会变成液体，而是直接变成气体。干冰融化后会产生二氧化碳。如果空气中二氧化碳浓度过高会使人呼吸困难。因此，在充满二氧化碳的行星上人类和动物是无法生存的。

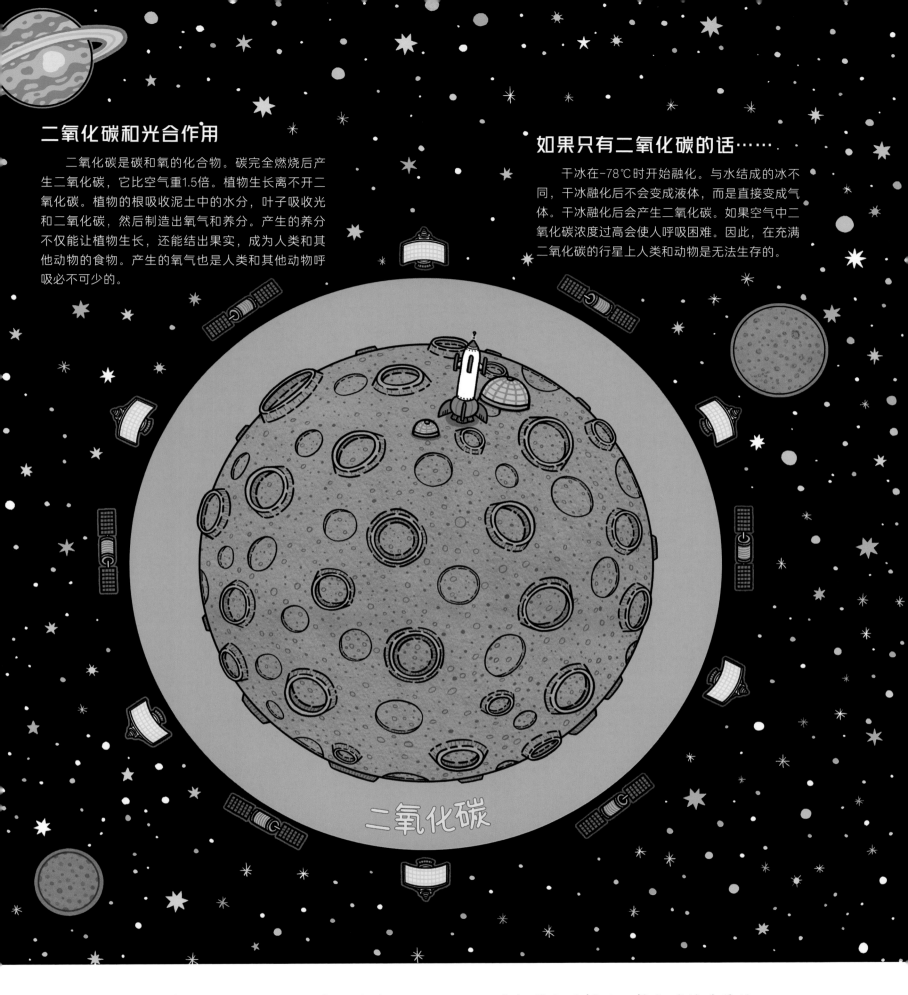

二氧化碳

"不是的。二氧化碳不仅可以调节行星的温度，也是植物生长必需的物质。而且我们还可以用二氧化碳制造出人类需要的空气。"

小机器人了解了二氧化碳的重要性。

随着空气的产生，机器人们可以正式进行地球化工作了，它们变得更加忙碌了。

水的出现

水和生物

生物的生存离不开水。虽然有些微生物没有空气也能生存，但是如果没有水的话，是不可能有生物存活的。细胞通过水运送营养成分，细胞中的小器官也要依靠水进行移动。血液的主要成分也是水。

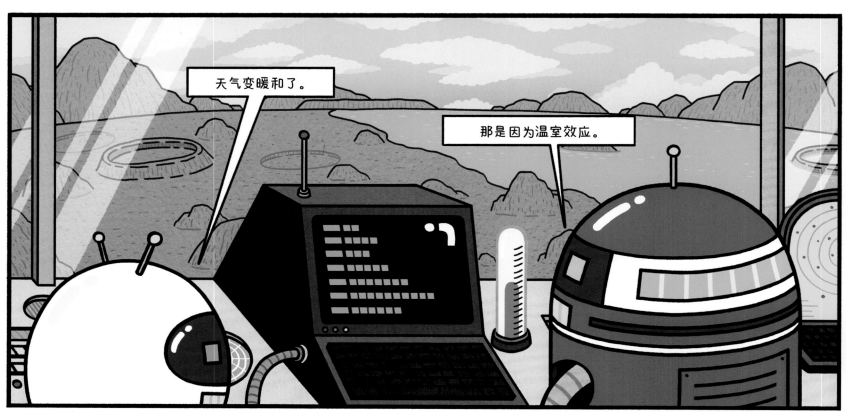

天气变暖和了。

那是因为温室效应。

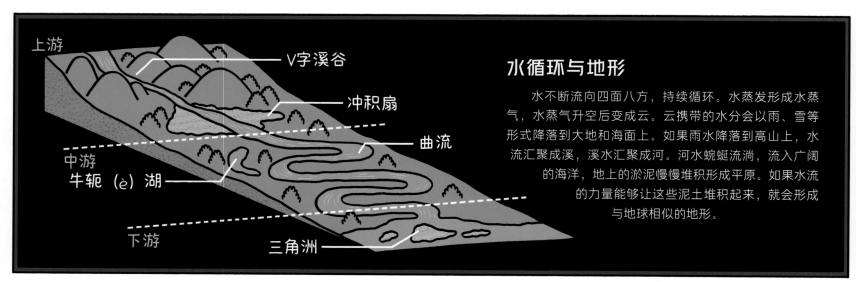

上游

V字溪谷

冲积扇

曲流

中游

牛轭（e）湖

下游

三角洲

水循环与地形

水不断流向四面八方，持续循环。水蒸发形成水蒸气，水蒸气升空后变成云。云携带的水分会以雨、雪等形式降落到大地和海面上。如果雨水降落到高山上，水流汇聚成溪，溪水汇聚成河。河水蜿蜒流淌，流入广阔的海洋，地上的淤泥慢慢堆积形成平原。如果水流的力量能够让这些泥土堆积起来，就会形成与地球相似的地形。

小机器人感觉到天气越来越暖和了。

船长机器人一直用温度计记录行星的温度变化。

"船长，为什么天气越来越暖和了？"

"那是因为有了空气。二氧化碳会把空气中的热量聚集起来，让行星变得温暖。"船长机器人回答。

天气暖和了，大海也出现了。

水和冰

水在0℃时会结冰。水温低于4℃时，温度越低，水的密度就越小。所以温度高的水会下沉，而接近0℃的水会上浮。因此水都是从表面开始结冰的。特别是到了冬天，随着温度降低，江水、湖水的表面就开始结冰。所以，生活在水中的生物在冬天也不会被冻死，它们可以生活在相对温暖的冰面下。

用水来传输热量

海水在各种条件作用下会形成洋流，洋流会给寒冷的地方带来热量，也给那些炎热的地方带来凉爽。地球的赤道地区，因为受到太阳直射所以很热，而那些没有太阳直射的极地又很冷。洋流在极地和赤道之间的海洋中循环着，调节全球气候，影响各地天气。

"哇，大海诞生了！"小机器人兴奋地说。

"彗星的冰融化了，融化后的水在低处积聚成大海。"

有了大海，江河湖泊也自然而然地出现了。因此，现在这个行星变成了与地球相似的样子。

森林演替与地球化

森林发育中物种的更替过程称为森林演替。在森林演替过程中，苔藓最先长出，之后出现的是蕨类植物。蕨类植物通过孢子繁殖，孢子数量很多，生长速度又很快，所以可以大量繁殖。然后出现的是一年生草本植物。它们在秋天留下种子，冬天全部衰败。因为种子的数量很多，所以也很容易散播开来。再之后出现了多年生草本植物和一些矮小、但却能快速生长的树木。最先出现的是松树这类针叶树。因为针叶树的种子可以飞到很远的地方，所以很容易在空荡荡的土地上扎根。最后出现的是橡树这类阔叶树。就这样，茂密的森林形成了。

在没有植物的行星上建造森林，要根据森林演替过程来种植植物。森林演替结束后，新的行星也会像地球一样形成植物和动物和谐共生的森林环境。

"现在该种植物了！"

工作机器人用大拖拉机把土地翻松。

"好了，我们先种植蕨类植物怎么样？然后再种草。"

机器人们在地面上挖出一个又一个深坑，种植时也都小心翼翼的，生怕伤到这些植物的细根。

"现在可以种银杏树和针叶树了。"

最先生长的苔藓和蕨类植物

苔藓和蕨类植物不是靠种子繁殖，而是通过孢子繁殖的。种子在开花后才能产生，而孢子即使不开花也会自行产生，所以苔藓和蕨类植物可以快速繁殖，而且即使是在只有贫瘠土壤的新行星上也能快速茁壮成长，覆盖新行星的土地。

制造田野

蕨类植物覆盖大地后，就可以种植草、水稻、大麦这些草本植物了。水稻和大麦的花粉会随风飘散，所以在还没有昆虫的新行星上也能结出果实。经过一段时间大量的种植后就会出现绿色的田野了。这样的田野成为人们生活或耕作的地方，未来还能成为各种动物的家园。

第一棵树是银杏树

蕨类植物和草本植物已经覆盖了大地。现在轮到种植树木了。最先种植的树木是银杏树。银杏树的花粉被风吹得四处飘散，之后结出果实。银杏树在3亿年前就出现在地球上了，而且在难以生存的贫瘠土地上也能茁壮成长。

绿色的松树林

其他叶子尖尖的针叶树也像银杏树一样随风传播花粉并结出种子。针叶树的生长速度很快，且生长范围很广，所以种植针叶树的话，大地上很快就会出现一片绿色的松树林。树林成为众多动物生存的家园，它们在树林里休息、觅食，人类也可以从树林里得到大自然馈赠的果实和草药等。

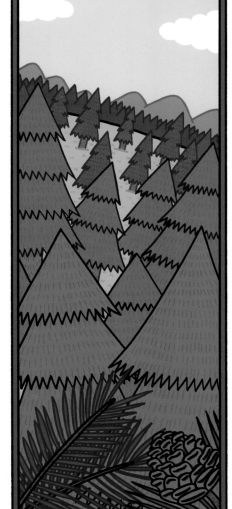

"一定要严格按顺序种植吗？"

"当然！只有这样才能使植物长得更快，长成茂密的森林。地球上的森林也是这样形成的。"

现在行星上到处都有森林了。不知何时，原先空荡荡的红色行星变成了绿色行星。

开花的行星

生命循环的温带林

在不冷也不热的地区出现的森林被称为温带林。四季分明的温带林一到春天就开花，一到秋天枫叶就会变成红黄相间的颜色，到了冬天叶子就会全部凋零。在刚刚开始发出嫩芽的春天，森林里的树木不会遮挡住阳光，矮小的草丛也能尽情地沐浴到温暖的阳光。冬天落下的树叶成为肥料，有助于其他植物的生长。能量不断地循环，新生命也不断地诞生。温带林中的有毒动物比热带丛林中少得多，所以温带林周边的环境非常适合人类居住。

富含生命的热带丛林

种子在那些气候炎热，雨量丰沛的地方容易长成茂密的森林。因为雨水和阳光充足，植物很容易生长。热带丛林里树木密布，成为许多动物的家园，并且其中也有很多对人类有用的植物。热带丛林里的挺拔的大树会遮挡阳光，所以矮小的植物很难生存。另外，热带丛林中到处都隐藏着有毒的动物，人类在此生活十分危险。

气候和季节

行星围绕着能够发出光和热的恒星旋转，旋转时直接受光的一面会变热，背光的一面会变冷。

根据地域不同，一年分为春、夏、秋、冬四季或者旱季和雨季。植物的开花结果、动物的冬眠和繁殖等各种现象都是因季节的变化而产生的。

"现在要开始种植能开花结果的植物了！"

工作机器人种下了能长得高而茂盛的橡树，能结出丰硕果实的香蕉树，还有蒲公英和波斯菊等植物。

新行星渐渐变成了适合动物居住的地方。

机器人们在行星上种满了各种适合不同气候的植物。

花朵需要做的事

　　许多植物都会开花。花朵不像植物的根茎那样会吸收水和营养，也不像叶子那样会进行光合作用。花朵的特点就是色彩艳丽并且能够散发香气，所以会吸引许多类似蜜蜂、蝴蝶这样的昆虫来吸食花蜜。当昆虫吸食花蜜时，花粉会沾在昆虫身上。在它吸食其他花朵的花蜜时，之前的花粉就会被传播到这些花朵上了。花粉与雌蕊结合，就可以结出果实和种子。

能结出果实的植物

　　许多植物都能结出果实，比如苹果、桃子、草莓等水果。水稻、小麦、大豆等粮食也能结出果实。橡子、核桃也都是果实。人类和动物都很喜欢吃植物的果实，因为它们大多比较柔软，易于消化，而且营养成分也很丰富。

　　牛和长颈鹿等草食动物只吃青草和树叶，但是青草和树叶由纤维组成，粗糙、坚硬而且难以消化。

沙漠和草原

　　热带稀树草原广阔且干燥，在那里生长着不需要太多水分的矮草，还生长着树干粗壮、树根深长的大树。深长的树根可以从地下深处吸收到充足的水分，所以大树能够在这种环境中生长。

　　在沙漠中生长的植物数量稀少，其中最常见的就是仙人掌。仙人掌为了防止水分蒸发，叶子慢慢进化成了针叶状。沙漠里下雨时，仙人掌就会趁机发芽，在水干之前迅速开花。

　　在干燥炎热的地方种植仙人掌，在雨水充足的地方种植椰子，在温暖的地方种植橡树……植物的种类越来越多了。

　　不知不觉间，行星上长出了品种繁多的植物，气候也变得和地球越来越相似了，季节也随之出现。不同地域生长出了各自适宜的植物，它们陆续开花、结果。

氧气的产生

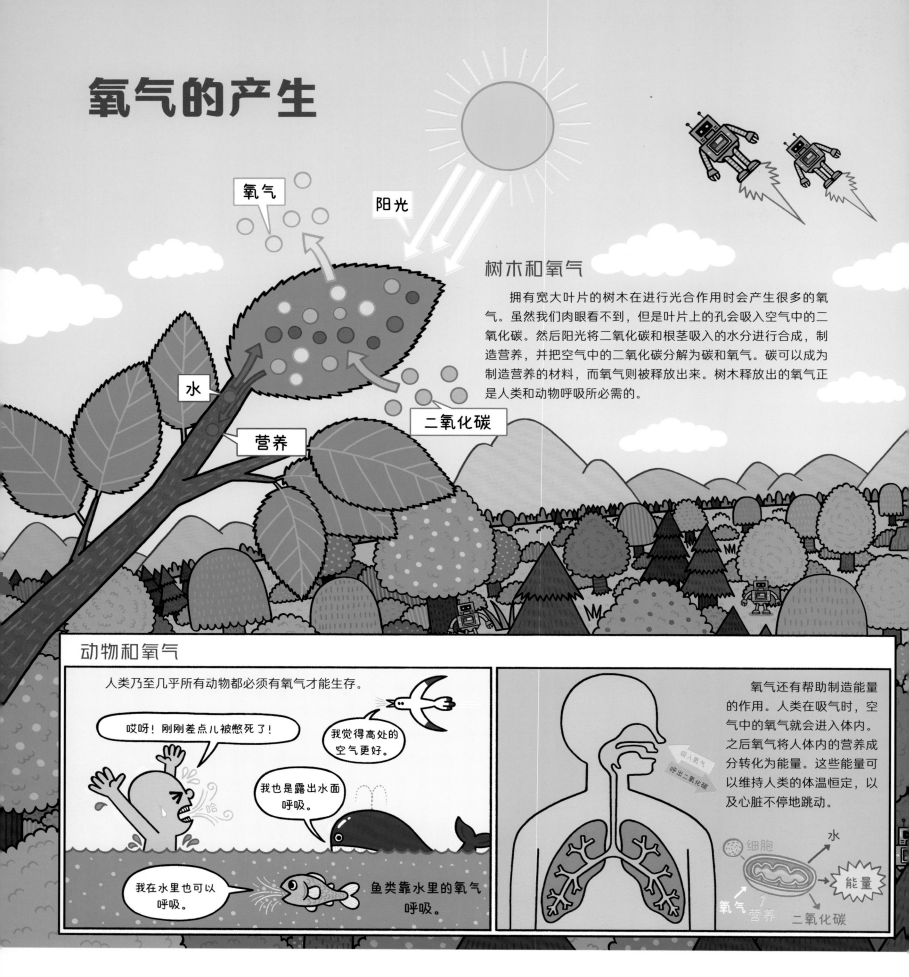

氧气

阳光

水

营养

二氧化碳

树木和氧气

拥有宽大叶片的树木在进行光合作用时会产生很多的氧气。虽然我们肉眼看不到，但是叶片上的孔会吸入空气中的二氧化碳。然后阳光将二氧化碳和根茎吸入的水分进行合成，制造营养，并把空气中的二氧化碳分解为碳和氧气。碳可以成为制造营养的材料，而氧气则被释放出来。树木释放出的氧气正是人类和动物呼吸所必需的。

动物和氧气

人类乃至几乎所有动物都必须有氧气才能生存。

哎呀！刚刚差点儿被憋死了！

我觉得高处的空气更好。

我也是露出水面呼吸。

我在水里也可以呼吸。

鱼类靠水里的氧气呼吸。

氧气还有帮助制造能量的作用。人类在吸气时，空气中的氧气就会进入体内。之后氧气将人体内的营养成分转化为能量。这些能量可以维持人类的体温恒定，以及心脏不停地跳动。

吸入氧气

呼出二氧化碳

细胞

水

能量

氧气

营养

二氧化碳

"空气好像有些变化。"小机器人自言自语道。

"那是因为树木变多了，空气中的二氧化碳变成了氧气。"

船长机器人接着说："氧气还能形成臭氧层，起到阻挡紫外线的作用。"

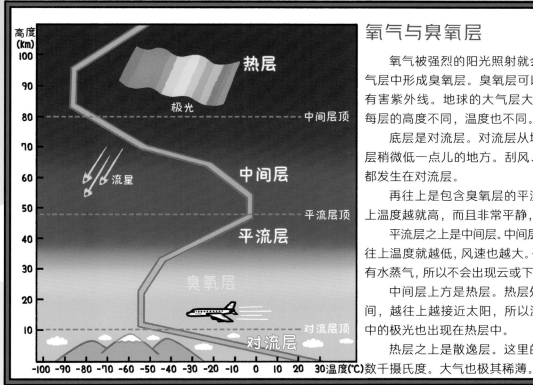

氧气与臭氧层

氧气被强烈的阳光照射就会产生臭氧，在大气层中形成臭氧层。臭氧层可以阻挡来自太阳的有害紫外线。地球的大气层大致可以分为5层，每层的高度不同，温度也不同。

底层是对流层。对流层从地面延伸到比臭氧层稍微低一点儿的地方。刮风、下雨等天气现象都发生在对流层。

再往上是包含臭氧层的平流层。平流层越往上温度越就高，而且非常平静，适合飞机航行。

平流层之上是中间层。中间层和对流层一样，越往上温度就越低，风速也越大。但是因为中间层没有水蒸气，所以不会出现云或下雨的现象。

中间层上方是热层。热层处于宇宙和地球之间，越往上越接近太阳，所以温度也越高。天空中的极光也出现在热层中。

热层之上是散逸层。这里的温度很高，可达数千摄氏度。大气也极其稀薄。

现在新行星的空气变得与地球相似了。

动物们已经做好了在此生存的准备。

需要昆虫

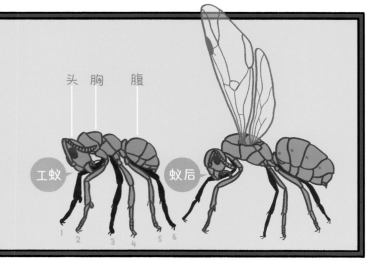

头 胸 腹

工蚁

蚁后

1 2 3 4 5 6

昆虫是什么？

昆虫是一种小型节肢动物，躯干由头、胸、腹三个部分组成，有六条腿。触角可以用来感知世界。有的昆虫还有一对或两对翅。

昆虫的种类繁多，我们现在已知的昆虫种类就超过100万种，远远超过鸟类、鱼类和哺乳动物的总和。而且可能还有更多尚未被发现的昆虫种类。

由于昆虫种类繁多，所以它们的样子和习性也多种多样。有些昆虫在花丛中飞来飞去，有些昆虫猎杀水中的小虫或小鱼，还有些昆虫在烈日下的沙漠中生存。正因为这些多样的习性，昆虫在新的环境中也能找到属于自己的生存方法。

昆虫的生命力

地球上没有昆虫无法生存的陆地，甚至在南极和北极也有昆虫生存。这是因为昆虫自身的生命力很强，还能通过多种方式适应环境。

昆虫体内虽然没有骨骼，但是体表却有着坚硬的外壳，也叫作外骨骼。昆虫用外骨骼来支撑身体。昆虫的质量很轻，但小小的身体有着大大的力量，而且从高处跌落下来也不会受伤。大部分昆虫的体形很小，这让它们容易隐藏而且行动迅速。即使吃少量的食物也可以顽强存活很久。

生活在南极的南极蠓
(*Belgica antarctica*)

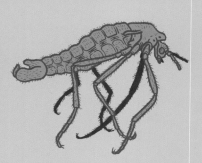

动物的猎物

昆虫是一些小动物的猎物。青蛙、蟾蜍捕食水边的昆虫，鸟儿捕食飞蛾和蝴蝶，食蚁兽用长长的舌头吃蚂蚁窝里的蚂蚁。昆虫有着多种营养元素，味道也是出乎意料得好，对人类来说也能成为美味的食物。

蚕蛹好吃！

昆虫汉堡也好吃极了！

昆虫的变态发育

昆虫在发育的过程中样子会发生变化。第一次从卵中出来的是若虫，之后若虫在坚硬的蛹内继续发育，若虫从蛹中出来蜕变成了成虫。这样的过程被称为完全变态发育。成虫长出翅飞向天空，此时它们具备各自的特征，比如吸食花蜜或捕食其他昆虫等。

卵　　若虫　　　蛹　　　飞蛾
　　　　　　　　　　　　（成虫）

也有没有蛹期，而是通过多次蜕皮来发育的昆虫。这样的过程被称为不完全变态发育。完全变态发育和不完全变态发育都是让昆虫随着发育改变样子和生活方式，因此昆虫很容易适应各种环境。

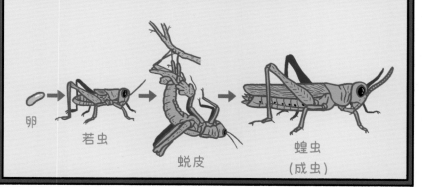

卵　　若虫　　　蜕皮　　　蝗虫
　　　　　　　　　　　　　（成虫）

"现在把动物放生了吧？先放生兔子？"

小机器人满怀期待地问。但是后勤机器人的回答与小机器人的想法完全不同。

"在行星上放生的第一种动物应该是昆虫。"

后勤机器人笑着说道。

"嗯？怎么是昆虫？不会是蚊子吧？"小机器人眉头紧皱。

需要蚊子和蟑螂吗？

蚊子和蟑螂是对人类有害的昆虫。进行地球化的时候，还需要这些害虫吗？蟑螂虽然会传播疾病，但它是清除腐肉和食物的清洁工。而蚊子的幼虫则是其他昆虫和鱼的营养美食。即使是害虫也是生态系统的一部分，所以不能随便忽略它们。

传播花粉的昆虫

吸食花蜜的昆虫在不知不觉间身体会沾上花粉，它们会将这些花粉传播到其他花朵上。吸食花蜜的代表性昆虫是蝴蝶和蜜蜂。此外，有些种类的金龟子和苍蝇也能够从事传播花粉的工作。

大自然的清洁工

蚂蚁、蟑螂、苍蝇等昆虫可以吃掉动物的尸体，清洁周围环境。掉在地上的果实和断裂的腐木也能成为昆虫的食物。昆虫的排泄物是植物茁壮成长的最佳营养品。

"昆虫是地球上必不可少的动物。昆虫可以传播花粉，让那些开花的植物结出果实和种子。昆虫还是一些小动物的食物。"

此时，行星上的蜜蜂和蝴蝶在空中飞来飞去，忙碌地搬运着花粉。蚂蚁们把落叶和死去的昆虫进行分解，让土地变得十分干净。

生态循环

肉食动物虽然处于食物链的顶层，但生态系统并没有在肉食动物身上结束，而是不断循环的。植物通过阳光进行光合作用，制造出养分。这些养分被草食动物食用，而草食动物又被食肉动物捕食。肉食动物死后，尸体会腐烂成泥土，泥土上又会长出新的植物。这就是生态系统的循环。

肉食动物的狩猎

肉食动物分为捕食者和"清洁工"。捕食者猎杀其他动物，"清洁工"吃死去动物的尸体。老虎、狮子、狼等狩猎动物是捕食者。老鹰或者鬣狗会吃捕食者吃剩下的动物尸体，所以我们称这类肉食动物为"清洁工"。但是，如果鬣狗周围没有剩下的食物，它也会去捕猎，狮子有时也会吃鬣狗吃剩下的动物尸体。

"现在该放出肉食动物了！"

小机器人看到肉食动物可怕的爪子和尖牙后更加害怕了。

"一定要放出肉食动物吗？它们会猎食草食动物，人类或机器人可能也会受到肉食动物的伤害……"

后勤机器人亲切地笑着并让小机器人放心。

代表性的肉食动物

　　陆地上顶尖的肉食动物是狮子和老虎。它们都是猫科动物，所以在很多方面都有相似之处。天空中有秃鹫，它们能够快速捕食鸟类或小型动物。当然，秃鹫中也有一些不捕猎，靠吃其他动物吃剩的动物尸体生存的。生活在海洋里的鲨鱼也是重要的肉食动物之一。鲨鱼能够在海里快速游动，捕食其他鱼类。

　　陆地肉食动物通过捕食草食动物来调节草食动物的数量。草食动物的数量过多，草原很快就会变成荒野。大自然拥有这么强大的自我调节的能力，是不是很厉害？

　　"如果没有肉食动物，草食动物的数量就会越来越多。这样下去，树木和青草都可能会消失。而且人类没有肉食动物也无法生存。"

　　后勤机器人把肉食动物放养到了行星各处。

　　在新的行星上，植物、昆虫、草食动物和肉食动物都已占据一席之地。

　　现在，新行星不仅拥有了和地球一样的环境，还具备了调整和维持生态系统的能力。

建立生活基地

创建城市

城市里聚集了工厂、商业街、银行等各种场所。在城市里工作的人希望住在工作地附近，所以城市里会有很多人居住。

虽然在城市里生活非常便利，但会消耗大量资源，还可能污染周边的环境。为了守护建成的新行星，我们应该做好城市的规划工作。既要与自然和谐相处，又不能给人类带来生活上的不便，在城市内最大限度地净化废水或回收垃圾，并把它们循环再利用。

建造房子

为了能够安全地生活，人们需要建造房子。房子不但可以挡风御寒，还可以保护人类免遭猛兽或昆虫的侵害。房子也是人类居住地的标志。

想要创造足够的空间让更多的人生活，就要把人和动物聚居的地方隔离开，并在适宜人类居住的地方建立城市。

"现在人类可以登场了吧？"

小机器人一想到要把地球上的人类带过来就心跳加速，激动不已。

"现在已经形成了适宜人类生存的环境，可以带过来了。"

虽然后勤机器人回答了，但船长机器人却发出了反对的声音："还不行。还没有建造人类生活的城市和建筑物呢！"

建造农村

　　我们人类吃的食物大多都是通过种地和畜牧得到的。为了能够生产充足的粮食，我们需要广阔的农田和能让家畜奔跑的原野。

　　农村是粮食的重要产地。农村生产的粮食被运送到城市，城市中制造的衣服、药品、机器等物品被送到农村。按需生产粮食也是预防环境污染的重要方法之一。

获取水

　　地球上多数大城市都是建立在依山靠水的地方。这是因为在人类生活的地方，获取水比任何事情都重要。有了水才能耕种，工厂在生产时也需要水。人类的吃穿住行都需要水。

　　生活在离河流较远的城市里的人无法直接从河里挑水用，所以就需要建造堤坝或引流河水的装置，把水引入城市中，之后再通过水管把干净的水输送到家家户户。

　　船长机器人下达命令后，等待已久的建筑机器人立即出动。机器人们把土地压实，用泥土制作砖头，逐步建造城市，然后在新行星上用铁和石灰石建造了城市中的建筑物。

　　新城市与大自然融为一体，河水在城市之间流过，机器人还建造了供野生动物安全行走的通道。

　　终于，大自然与人类共同生活的家园诞生了。

制造能量

能量和文明

能量是指活动所需的力量。文明的传承需要能量。如果能量供给的主要方式发生变化，那么人类的文明和生活方式也会发生巨大变化。所以说，人类历史本身就是能源利用的变迁史。工业革命以前，人类主要依靠食物中的能量进行劳动、创造。

工业革命爆发后，人类开始通过燃烧石油和煤炭来获取能量，并制造出机器。机器批量生产的商品价格便宜，人们的生活成本降低，日子也比以前更加富裕、美好了。电的使用让人类的生活更加便利：可以用电话与远方的家人、朋友交谈，还能观看电视节目，使用电脑处理一些复杂的事情。

能源变迁史

1.原始动力时代（原始时代） **2.自然动力时代（中世纪）** **3.蒸汽动力时代（18世纪）** **4.电力时代（19世纪）** **5.核能时代（20世纪以后）**

人类利用自己肌肉的力量或动物的力量，还发现了火。

树木是主要能源，人类还利用水力、风力等自然能源。

人类发明出了蒸汽机，开始使用煤炭、石油等化石燃料。

人类开始利用电力，并通过石油获得能量。

核能大规模发展，促进了核能的使用。

如果没有石油和煤炭怎么办？

新行星上没有石油和煤炭。石油和煤炭是古代生物的遗骸经过一系列复杂变化形成的，然而在人工制造的新行星上是没有这些古代生物的。所以我们在新行星上不能用石油或煤炭作为能源。因此我们需要研究出替代能源或者制造新能源的方法。

"哇！新城市终于建造完成了！"

小机器人欢呼着。但是新城市还很安静、很黑暗。

"现在我们要制造能量了。城市里需要大量的能量。"

"如何制造能量呢？"

"我们需要建发电站，把水、风这些大自然的资源变成电。"

我们能够生产电吗？

地球上大部分地方都是利用火力和核能来发电的。火力发电是通过燃烧煤炭来发电的，如果没有煤炭就无法发电。核能发电是通过铀燃料核裂变时产生的能量来发电的。铀也是一种地下资源，我们在新行星上可能找不到这种资源。

在新行星上，我们只能依靠自然资源发电，比如利用水坝放水时的落差进行水力发电，或者利用风力带动风车旋转来发电等。

在新行星上生产电的方法

在新行星上，我们需要利用多种方法生产电能，比如利用太阳能发电。要想利用太阳能创造充足的电力，我们就需要安装大量太阳能电池来转化、储备电能。当然还要考虑到阴天或者下雨天能否发电的问题。如果能把太阳能电池放在宇宙中，那么全年都可以发电了。另外，我们还可以利用核聚变发电。核聚变发电是利用燃料在核聚变时产生的热能发电的。

在新行星上，说不定还可以用与地球完全不同的方法生产电能。我们可以从地球上没有的矿石中提取能量，还可以利用附近的行星发出的电波转化成电。

图中标注：核聚变发电站构造；超导磁体；真空室屏蔽包层；超高温等离子

建筑机器人在有水流的地方建造水电站，在风力大的地方建造风力发电站，在阳光强烈的地方安装了太阳能电池。

核聚变发电站也在各处建成了。

很快，整个城市灯都亮了起来。一切都准备就绪了。

现在只剩下从地球上把人类带过来这件事情了。

第二个地球建造完成!

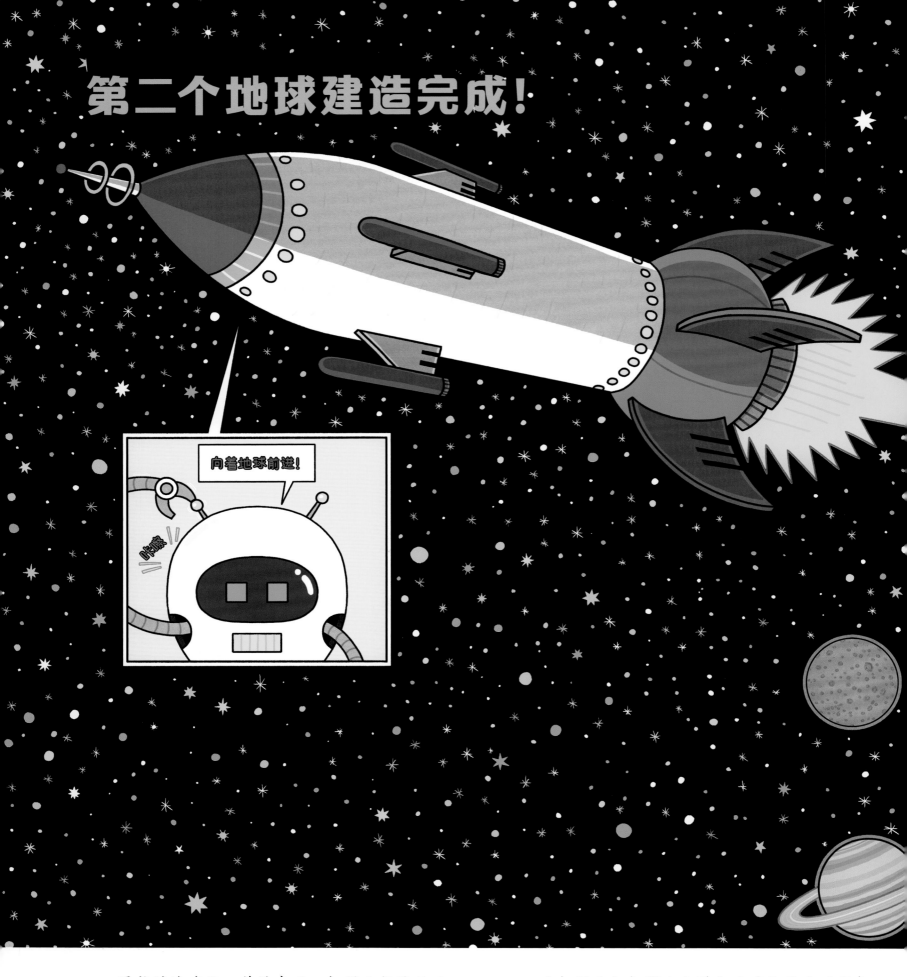

漫长的地球化工作结束后,机器人们终于又聚在了一起。

机器人的身体已经锈迹斑斑。

小机器人把机器人们进行地球化的全过程都很好地储存在体内。

"小机器人,后面就拜托你啦!"
船长机器人激动地说。

　　小机器人的任务是返回地球，告诉人类地球化的过程，并把人类安全地带到新行星。

　　小机器人登上宇宙飞船向着地球出发了。

　　它在宇宙飞船上回头看这个新的地球，真是又蓝又美。

　　于是给这个美丽的新地球拍了一张照片。

　　"咔嚓！"

作者的话

地球化究竟是什么？

地球化用一句话来说就是再造一个新的地球。

如果地球上适合人类生存的空间变得越来越少，或者因为污染而难以生存，人类就可以逃到新建的地球上。

但是现在还没有人可以去新的星球生活，原因有两个：第一，我们现在没有地球化所需的各种技术。人类至今还没有到过比月球更远的星球。即使是在比月球更远的星球建造出了森林、大海和城市，搬家也绝非易事。第二，地球化需要很长的时间。创造第二个地球需要经过技术研发、创造生物、建造新事物等各种过程，这至少需要100年，甚至需要300~400年的时间。所以地球化需要我们无数人共同努力并研究出的惊人的科学技术才能实现。

这本书讲的是一个遥远的未来故事。目前科学家们还没有制定详细的地球化的计划，所需的技术也远远不足。如果你愿意为此努力学习的话，总有一天会对地球化有很大帮助的。假如未来真的进行地球化会怎么样呢？和这本书里讲的一样吗？还是有什么新方法呢？让我们发挥一下想象力吧！不过与其进行如此艰难的地球化，倒不如让我们从现在开始齐心协力地守护地球吧！

-朴珉浩-

一目了然的地球化

	地球的历史	地球化的顺序	进行地球化的行星历史与地球 历史不同的理由是什么呢？
1	**有陆地的行星，地球诞生** 由于陨石相撞产生了一个巨大的球体，这就是地球。	**找到有陆地的行星** 找到适合地球化的行星。	创造一个新的行星几乎是 不可能的。
2	**形成磁场** 陨石碰撞的冲击使地球内部熔化，熔化的金属流动产生了磁场。	**产生磁场** 发射多个放置磁铁的人造卫星，让磁场覆盖新的行星。	与从地下深处产生磁场的地球不同，新的行星自身不能产生磁场，所以要靠磁铁来产生磁场。
3	**形成大气** 火山爆发后释放出各种气体，形成了地球的大气。	**产生大气** 干冰融化后产生二氧化碳，二氧化碳成为行星的大气。	新行星上也没有大气和水，需要 从其他星球上获取。 
4	**形成海洋** 火山气体中的水蒸气变成雨，之后形成大海。	**产生海洋** 把冰融化后形成海洋。	
5	**最早出现的生物** 以海洋里的营养物质为生的单细胞生物诞生了。	**播种植物** 把能够进行光合作用的植物移植过来。	无须转移活着的生物，可以直接 培养生物细胞或DNA。 
6	**出现植物** 出现了能够进行光合作用的植物。	**散养动物** 培养动物的细胞后，散养到行星上。	
7	**动植物的进化** 动物和植物经过长时间的进化，出现了多种多样的生物。		因为培养的是已经完成进化的生物细胞，所以不需要进化过程。
8	**人类的出现与城市的形成** 人类出现后，开始使用工具和火，并且开始耕种。人类在生活便利的地方建造城市，聚集在一起生活。	**建设家园** 建设生活便捷，与自然环境也和谐相处的家园。	为自然环境打下良好的基础，减少资源浪费和环境污染，尽可能地创造与自然共存的空间。
9	**能源利用** 很久以前死去的生物遗骸在地下受到热和压力的作用，形成了化石燃料。人类利用化石燃料获得了能源。	**开发能源** 利用核聚变、太阳能等既干净又有效的方法制造能源。同时也需要开发新的能源。	新行星上没有化石燃料。 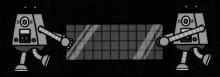
10	**文明的发展** 虽然人类文明发展迅速，但是环境破坏却越来越严重。	**人类入住** 人类可以入住到新的地球上了。	人类只有过上环保的生活， 才能守护新的地球。

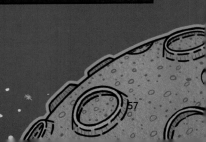